Bianca Kramer

Exponentialverteilung - Mathematik mit Software

GRIN Verlag

Bibliografische Information der Deutschen Nationalbibliothek:

Die Deutsche Bibliothek verzeichnet diese Publikation in der Deutschen National-
bibliografie; detaillierte bibliografische Daten sind im Internet über http://dnb.d-
nb.de/ abrufbar.

Impressum:

Copyright © 2010 GRIN Verlag GmbH
Druck und Bindung: Books on Demand GmbH, Norderstedt Germany
ISBN: 978-3-656-33960-1

Dieses Buch bei GRIN:

http://www.grin.com/de/e-book/206826/exponentialverteilung-mathematik-mit-
software

UNIKASSEL
VERSITÄT

MAL2-6: Ausgewählte Kapitel aus der Mathematik und der Mathematikdidaktik
Fachwissenschaftliches Seminar II für die Lehrämter L2/L4: Mathematik mit Software
Sommersemester 2010

Seminararbeit zum Thema:

Exponentialverteilung

von
Bianca Kramer

Lehramt für Haupt- und Realschule, modularisiert
6. Semester: Germanistik, Mathematik

Inhalt

Einleitung

Eine Wahrscheinlichkeitsverteilung ist ein mathematisches Mittel zur Beschreibung von Zufallsprozessen. Die Wahrscheinlichkeitsverteilung einer Zufallsgröße ist eine Funktion, die jedem Wert einer Zufallsgröße X eine Wahrscheinlichkeit zuordnet.[1] Die Wahrscheinlichkeitsverteilung w einer Zufallsgröße X ist demnach auf der Wertemenge der Zufallsgröße X definiert.[2] Mithilfe einer Tabelle oder einem Grafen, wie z. B. einem Histogramm, kann man die Verteilung einer Zufallsgröße angeben.[3]

Auch die Exponentialverteilung ist eine Wahrscheinlichkeitsverteilung über der Menge der positiven reellen Zahlen. Der Graf der Exponentialverteilung ist in der Form einer Exponentialfunktion gegeben.[4]

Das Modell der Exponentialverteilung wird vorrangig für die Darstellung von zufälligen Zeitintervallen benutzt. Bekannte Sachverhalte dafür sind Lebensdauern, wie z. B. die Lebensdauer von Atomen beim radioaktiven Zerfall, die Lebensdauer von Bauteilen, Maschinen und Geräten oder auch die Zeit zwischen zwei Telefonanrufen.

Die Exponentialverteilung ist also eine typische Lebensdauerverteilung, da die Lebensdauer von elektronischen Bauteilen meistens annähernd exponentialverteilt ist. Oft ist die tatsächliche Verteilung nicht exakt eine Exponentialverteilung, sie wird aber zur Vereinfachung unterstellt.[5]

Im ersten Kapitel dieser Arbeit werden zunächst die Definition der Exponentialverteilung präsentiert und im Folgenden die wichtigsten Eigenschaften dargelegt und erklärt. Besonders hervorgehoben wird dabei der Erwartungswert der Exponentialverteilung, indem dessen ausführliche Herleitung erfolgt. Im zweiten Kapitel wird das Verhältnis zur geometrischen Verteilung erklärt und mithilfe von Fathom untersucht. Im dritten Kapitel werden Aufgaben

---

[1] Vgl. Elemente der Mathematik: Leistungskurs Stochastik mit Orientierungswissen Lineare Algebra/ Analytische Geometrie. Hrsg von H. Griesel, H. Postel, F. Suhr unter Mitwrkung von A. Gundlach. Hannover: Schroedel Verlag 2003. S.85

[2] Vgl. Mathematik Stochastik Orientierungswissen Analytische Geometrie. Hrsg. von Prof. Dr. Jahnke. Berlin: Cornelsen Verlag 2004. S.30

[3] Vgl. Elemente der Mathematik. Schroedel Verlag 2003. S.85

[4] Vgl. http://de.wikipedia.org/wiki/Exponentialverteilung (zuletzt eingesehen am 05.09.10 um 20.05 Uhr)

[5] Vgl. Ebd.

um exponentialverteilte Zufallsgrößen theoretisch gelöst und diese Lösung dann mit den Simulations- und Lösungsmöglichkeiten in Fathom verglichen. Zum Schluss der Arbeit wird ein Bezug zum Lehrplan hergestellt und Überlegungen zur Behandlung des Themas im Unterricht angestellt.

1 Eigenschaften der Exponentialverteilung

1.1 Definition

Die Exponentialverteilung ist eine stetige Wahrscheinlichkeitsverteilung über der Menge der positiven reellen Zahlen und durch eine Exponentialfunktion gegeben.[6] Eine stetige Zufallsgröße X heißt exponentialverteilt mit dem konstanten positiven reellen Parameter $\lambda \in \mathbb{R}_{>0}$, wenn diese die folgende Dichtefunktion besitzt: $f(x) = \begin{cases} \lambda \cdot e^{-\lambda \cdot x} & \text{für } x \geq 0 \\ 0 & \text{für } x < 0 \end{cases}$.[7]

1.2 Dichte- und Verteilungsfunktion

Stetige Zufallsgrößen können im Gegensatz zu diskreten Zufallsgrößen beliebige Werte in einem Intervall annehmen, das heißt sie haben in jedem Intervall a ≤ X ≤ b unendlich viele Ausprägungen.[8] Die Wahrscheinlichkeitsverteilung einer stetigen Zufallsgröße wie der Exponentialverteilung wird durch eine Dichtefunktion beschrieben. Für die Dichtefunktion einer stetigen Zufallsgröße müssen bestimmte Eigenschaften erfüllt sein:

(1)$Für\ alle\ x \in \mathbb{R}\ gilt: f(x) \geq 0$.

Die Dichtefunktion f(x) kann nur positive Zahlen annehmen.

(2)$P(a \leq X \leq b) = \int_a^b f(x)dx$.

Die Wahrscheinlichkeit, dass die Zufallsgröße X Werte zwischen a und b annimmt, entspricht der Dichte des Integrals zwischen diesen Grenzen a und b.

(3) $\int_{-\infty}^{+\infty} f(x)dx = 1$.

Das Integral des gesamten Definitionsbereichs der Funktion muss immer gleich eins sein. Daraus lässt sich folgern, dass die Wahrscheinlichkeitsverteilung einer Zufallsgröße stetig heißt, wenn es eine geeignete Dichtefunktion mit den Eigenschaften (1) bis (3) gibt.[9]

---

[6] Vgl. http://de.wikipedia.org/wiki/Exponentialverteilung
[7] Vgl. http://de.wikipedia.org/wiki/Exponentialverteilung
[8] Vgl. http://de.wikibooks.org/wiki/Mathematik:_Statistik:_Stetige_Zufallsvariablen (zuletzt eingesehen am 14.09.10 um 21.33 Uhr)
[9] Vgl. Elemente der Mathematik. Schroedel Verlag 2003. S.85

Die Dichtefunktion der Exponentialverteilung ergibt sich durch das Ableiten der Verteilungsfunktion der Exponentialverteilung.[10] Die Verteilungsfunktion der Exponentialverteilung ist: $F(x) = \begin{cases} 1\text{-}e^{-\lambda \cdot x} & f \ddot{u} r \ x \geq 0 \\ 0 & f \ddot{u} r \ x < 0 \end{cases}$ [11].

Beim Ableiten von $1\text{-}e^{-\lambda \cdot x}$ muss für den Term $-e^{-\lambda \cdot x}$ die Kettenregel angewendet werden. Die Kettenregel lautet: $\left(u(x) \circ v(x)\right)' = u'(v(x)) \cdot v'(x)$.[12] $u(x)$ ist also die äußere und $v(x)$ die innere Funktion. In diesem Fall ist die äußere Funktion $u(x) = -e^{v}$. Die Ableitung lautet $u'(x) = -e^{v}$, da die Ableitung von $-e^{x}$ wieder $-e^{x}$ ist, was sich ebenfalls durch die Kettenregel nachweisen lässt.

Die innere Funktion ist $v(x) = -\lambda x$ und ihre Ableitung nach einfachen Ableitungsregeln $v'(x) = -\lambda$. Die Anwendung der Kettenregel ergibt:

$\left(-e^{-\lambda \cdot x}\right)' = -e^{-\lambda x} \cdot (-\lambda) = \lambda e^{-\lambda x}$. Da der Faktor 1 beim Ableiten wegfällt, ergibt sich für die Dichtefunktion wie in 2.1. bereits angegeben: $f(x) = \begin{cases} \lambda \cdot e^{-\lambda \cdot x} & f \ddot{u} r \ x \geq 0 \\ 0 & f \ddot{u} r \ x < 0 \end{cases}$.

In der folgenden Grafik sind Dichtefunktionen der Exponentialverteilung mit unterschiedlichen Werten für λ dargestellt.

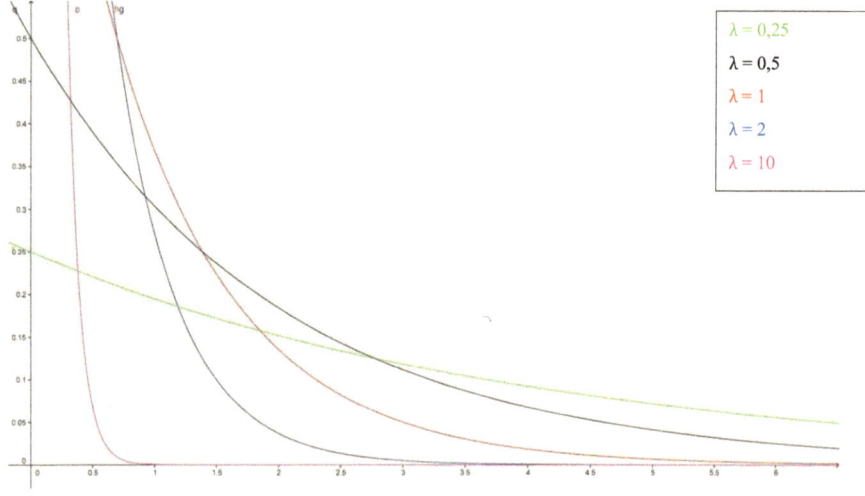

$\lambda = 0{,}25$
$\lambda = 0{,}5$
$\lambda = 1$
$\lambda = 2$
$\lambda = 10$

---

[10] Vgl. Mathematik Stochastik Orientierungswissen Analytische Geometrie. Cornelsen Verlag 2004. S.158
[11] Vgl. http://de.wikipedia.org/wiki/Exponentialverteilung
[12] Vgl. Das große Tafelwerk interaktiv. Formelsammlung für die Sekundarstufen I und II. Zusammengestellt und bearbeitet von M. Felsch, K. Martin, W. Pfeil u.a. Berlin: Cornelsen Verlag 2003. S.54

5

Mithilfe der Dichtefunktion lässt sich die Wahrscheinlichkeit berechnen, mit der eine stetige Zufallsvariable zwischen zwei reellen Zahlen a und b liegt.[13] Das heißt, man kann die Wahrscheinlichkeitsdichte eines Intervalls, welches zwischen zwei reellen Zahlen a und b liegt, bestimmen. Dazu muss man in den bekannten Grenzen a und b integrieren, um die Dichte des Integrals zu erhalten.[14]

Die Dichtefunktion $f(x)$ ist das Analogon zur Wahrscheinlichkeitsfunktion bei diskreten Wahrscheinlichkeitsverteilungen. Allerdings können ihre Werte nicht als Wahrscheinlichkeit interpretiert werden. Bei einer stetigen Zufallsvariablen ist $P(X = x) = 0$, das heißt die Wahrscheinlichkeit für einen bestimmten Wert x ist immer gleich null, da es als unmöglich angesehen wird, unter unendlich vielen Werten, die die Zufallsvariable annehmen kann, genau einen bestimmten Wert x zu „treffen". Man betrachtet also bei einer stetigen Zufallsvariablen nur Wahrscheinlichkeiten von bestimmten Intervallen.[15] Ein Beispiel wäre die Länge von Schrauben in einer Produktion. Die Wahrscheinlichkeit dafür, dass eine Schraube aus vielen genau die Länge 13,236783 mm aufweist, ist null. Um auch in solchen Fällen Aussagen treffen zu können, kann man die Wahrscheinlichkeitsdichtefunktion verwenden. Man kann für ein beliebiges Intervall, z. B. eine Schraubenlänge zwischen 13,2 und 13,2498 mm eine Aussage treffen, obwohl hier unendlich viele Möglichkeiten in diesem Intervall liegen, von denen jede einzelne eine mathematische Wahrscheinlichkeit von 0 hat.

Die Verteilungsfunktion $F(x)$ einer reellen exponentialverteilten Zufallsvariablen ist diejenige Funktion, mit der man die Wahrscheinlichkeit berechnen kann, mit der die Zufallsvariable Werte zwischen zwei reellen Zahlen annimmt: $P(a \leq X \leq b) = P(X \leq b) - P(X \leq a) = F(b) - F(a)$.[16]

Die Verteilungsfunktion der Exponentialverteilung lautet: $F(x) = \begin{cases} 1-e^{-\lambda \cdot x} & \text{für } x \geq 0 \\ 0 & \text{für } x < 0 \end{cases}$.[17]

Wie bereits gezeigt, ist die Dichtefunktion $f(x)$ die erste Ableitung der Verteilungsfunktion. Daraus folgt: $P(a \leq X \leq b) = F(b) - F(a) = \int_a^b f(x)dx$.

Die Anwendung der Verteilungsfunktion zur Bestimmung der Wahrscheinlichkeit, mit der eine Zufallsvariable Werte zwischen zwei reellen Zahlen annimmt, ist demnach weniger

[13] Vgl. http://de.wikipedia.org/wiki/Wahrscheinlichkeitsdichte (zuletzt eingesehen am 05.09.10 um 12.49 Uhr)
[14] Vgl. Ebd.
[15] Vgl. http://www.exponentialverteilung.de/jeder/fakten/verteilung.html (zuletzt eingesehen am 09.09.10 um 8.35 Uhr)
[16] Vgl. http://de.wikipedia.org/wiki/Verteilungsfunktion (zuletzt eingesehen am 06.09.10 um 22.30 Uhr)
[17] Vgl. http://de.wikipedia.org/wiki/Exponentialverteilung

kompliziert als die der Dichtefunktion, da man statt die Dichte eines Integrals zu bestimmen, nur eine einfache Subtraktion durchführen muss.

Die Verteilungsfunktion der Exponentialverteilung kann also angewendet werden, um die Wahrscheinlichkeit, mit der X in einem Intervall [a,b] liegt, zu bestimmen[18] Auch für die Verteilungsfunktion gilt: Die Wahrscheinlichkeit, dass sie einen bestimmten Wert x annimmt, ist gleich null.

Jede Verteilungsfunktion $F: \mathbb{R} \rightarrow [0;1]$ ist monoton steigend und rechtsseitig stetig. Weiterhin gilt $\lim_{x \to -\infty} F(x) = 0$ und $\lim_{x \to \infty} F(x) = 1$.[19]

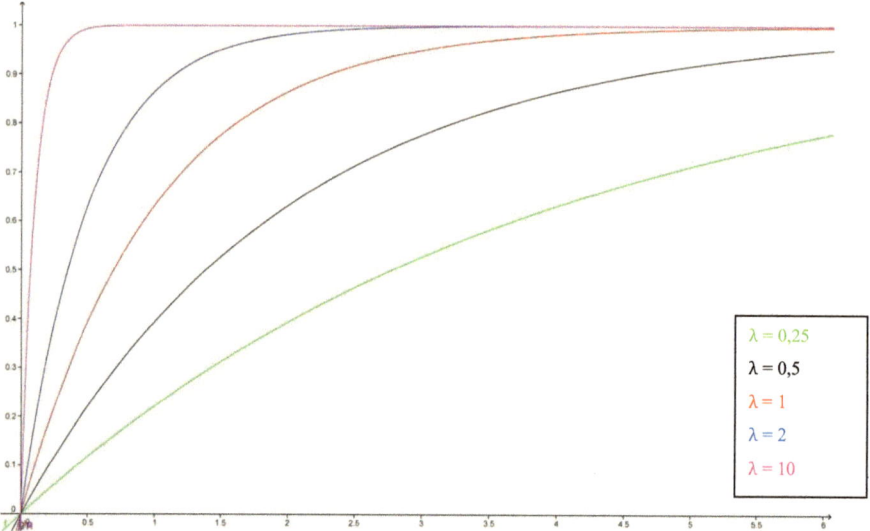

$\lambda = 0{,}25$
$\lambda = 0{,}5$
$\lambda = 1$
$\lambda = 2$
$\lambda = 10$

Verteilungsfunktion der Exponentialverteilung mit unterschiedlichen Werten für λ.

1.3 Die Konstante λ

Charakteristisch bei der Exponentialverteilung ist die über die gesamte Lebensdauer konstante Ausfallrate λ. Wenn man von einer exponentialverteilten Lebensdauerverteilung für elektronische Geräte ausgeht, ist es wichtig zu bedenken, dass, obwohl am Anfang absolut betrachtet mehr Geräte ausfallen, die Ausfallrate konstant bleibt. Das heißt in jedem Zeitintervall fallen relativ betrachtet immer gleich viele Geräte aus.[20]

---

[18] Vgl. http://www.fh-friedberg.de/users/mlutz/JavaKurs/applets/Puzzle/Dichte.html (zuletzt eingesehen am 30.08.10 um 9.54 Uhr)

[19] Vgl. http://de.wikipedia.org/wiki/Verteilungsfunktion (zuletzt eingesehen am 30.08.10 um 10.12 Uhr)

[20] Vgl. http://de.wikipedia.org/wiki/Exponentialverteilung

1.4 Median

Die Exponentialverteilung besitzt ihren Median bei $\tilde{x} = \frac{\ln 2}{\lambda}$.[21]

Definitionsgemäß liegen 50 % aller Ergebnisse unter und über dem Median. Im Gegensatz zum Erwartungswert kann eine sehr hohe Ausprägung der Zufallsvariable nicht viele niedrige Ausprägungen ausgleichen (oder umgekehrt).

1.5 Erwartungswert

Der Erwartungswert ist der Mittelwert der Ergebnisse eines Zufallsversuchs bei häufiger Wiederholung. Bei der Exponentialverteilung entspricht der Kehrwert von λ dem Erwartungswert, also $E(x) = \frac{1}{\lambda}$.[22] Im Folgenden wird die Formel für den Erwartungswert der Exponentialverteilung hergeleitet.

Wenn eine reelle Zufallsvariable X eine Wahrscheinlichkeitsdichtefunktion f besitzt, berechnet sich der Erwartungswert als $E(X) = \int_{\mathbb{R}} x\,f(x)dx$.[23] Die Dichtefunktion der Exponentialverteilung ist $f(x) = \lambda \cdot e^{-\lambda \cdot x}$ für $x \geq 0$.[24] Es wird über den gesamten Definitionsbereich der Exponentialverteilung integriert, welcher alle positiven reellen Zahlen enthält, da für $x < 0$ keine Dichte existiert. Es ergibt sich für den Erwartungswert:

$$E(x) = \int_0^\infty x \cdot \lambda \cdot e^{-\lambda x}dx.$$

Mithilfe der partiellen Integration kann dieses Integral nun aufgelöst werden. Die allgemeine Formel für partielle Integration, auch Produktintegration genannt, lautet:

$$\int f(x) \cdot g'(x)dx = f(x) \cdot g(x) - \int g(x) \cdot f'(x)dx.[25]$$

Für den Term des Erwartungswertes der Exponentialverteilung bedeutet dies, dass $f(x) = x$ abgeleitet und $g'(x) = e^{-\lambda x}$ „aufgeleitet", das heißt die Stammfunktion $g(x)$ gebildet werden muss. Da λ eine Konstante ist kann diese beim Auflösen des Integrals außer Acht gelassen werden.

Wir erhalten mithilfe einfacher Ableitungsregeln für $f'(x) = 1$.

---

[21] Vgl. http://de.wikipedia.org/wiki/Exponentialverteilung
[22] Vgl. Ebd.
[23] Vgl. http://webcache.googleusercontent.com/search?q=cache:BOOkLFB0QiYJ:de.wikipedia.org/wiki/Erwartu ngswert+dichtefunktion+erwartungswert&cd=1&hl=de&ct=clnk&gl=de (zuletzt eingesehen am 25.08.10 um 13.21 Uhr)
[24] Vgl. http://de.wikipedia.org/wiki/Exponentialverteilung
[25] Vgl. Das große Tafelwerk interaktiv. Cornelsen Verlag 2003. S.58

Um $g(x)$ zu erhalten, muss die Stammfunktion von $g'(x) = e^{-\lambda x}$ gebildet werden. Um die Stammfunktion einer e-Funktion zu erhalten, muss mit dem Kehrwert vor dem x im Exponent multipliziert werden. Daraus ergibt sich für $g(x) = -\frac{1}{\lambda} \cdot e^{-\lambda x}$.

Aus der Formel für die partielle Integration folgt nun:

$$E(X) = \int_0^\infty x \cdot \lambda \cdot e^{-\lambda \cdot x} dx = \lambda \left(x \cdot \left(-\frac{1}{\lambda} \cdot e^{-\lambda \cdot x} \right) - \int -\frac{1}{\lambda} \cdot e^{-\lambda \cdot x} \cdot 1 \, dx \right)$$

Um das hintere Integral aufzulösen, muss die Stammfunktion von dem nachstehenden Term gebildet werden. Da die Stammfunktion von $g'(x) = e^{-\lambda x}$ bereits bekannt ist, nämlich $g(x) = -\frac{1}{\lambda} \cdot e^{-\lambda x}$, ziehen wir $-\frac{1}{\lambda}$ vor das Integralzeichen. Es ergibt sich daraus:

$$= \lambda \left(x \cdot \left(-\frac{1}{\lambda} \cdot e^{-\lambda x} \right) + \frac{1}{\lambda} \int e^{-\lambda x} dx \right)$$

Nun kann das Integral mithilfe der Stammfunktion von $g'(x) = e^{-\lambda x}$ aufgelöst werden. Es ergibt sich:

$$= \lambda \left(-\frac{1}{\lambda} \cdot e^{-\lambda x} \cdot x + \frac{1}{\lambda} \left(-\frac{1}{\lambda} e^{-\lambda x} \right) \right)$$

Im nächsten Schritt wird die innere Klammer aufgelöst und man erhält:

$$= \lambda \left(-\frac{1}{\lambda} \cdot e^{-\lambda x} \cdot x - \frac{1}{\lambda^2} \cdot e^{-\lambda x} \right)$$

Als Nächstes wird die Klammer aufgelöst, indem mit der Konstanten λ multipliziert wird:

$$= -x \cdot e^{-\lambda x} - \frac{1}{\lambda} \cdot e^{-\lambda \cdot x}$$

Durch Ausklammern von $e^{-\lambda x}$ erhält man schließlich: $-e^{-\lambda \cdot x} \left(x + \frac{1}{\lambda} \right)$[26], welches die Stammfunktion von $x\lambda e^{-\lambda x}$ ist.

Ob die Rechnungen richtig ausgeführt wurden und dies auch wirklich die Stammfunktion ist, kann überprüft werden, indem $-e^{-\lambda \cdot x} \left(x + \frac{1}{\lambda} \right)$ abgeleitet wird.

Um die Funktion abzuleiten, muss die Produktregel sowie die Kettenregel angewendet werden. Die Produktregel lautet:

$$(u(x) \cdot v(x))' = u'(x) \cdot v(x) + u(x) \cdot v'(x).\text{[27]}$$

---

[26] Vgl. http://www.exponentialverteilung.de/vers/beweise/beweis_erwartungswert.html (zuletzt eingesehen am 10.09.10 um 8.03 Uhr)

[27] Vgl. Das große Tafelwerk interaktiv. Cornelsen Verlag 2003. S.54

$v(x)$ ist $\left(x + \frac{1}{\lambda}\right)$. Die Ableitung von x ist 1. Da λ eine Konstante ist, ist auch $\frac{1}{\lambda}$ als Konstante zu betrachten und der Term fällt somit beim Ableiten weg. Es folgt $v'(x) = 1$.

$u(x)$ ist $-e^{-\lambda \cdot x}$. Bei diesem Term handelt es sich um eine verkettete Funktion, weshalb bei der Ableitung die Kettenregel benötigt wird. Die Anwendung der Kettenregel ergibt, wie in Kapitel 2.2. schon ausführlich dargelegt $\left(-e^{-\lambda \cdot x}\right)' = -e^{-\lambda x} \cdot (-\lambda) = \lambda e^{-\lambda x}$.

Nun kann die Produktregel angewendet werden:

$(u(x) \cdot v(x))' = u'(x) \cdot v(x) + u(x) \cdot v'(x).$[28]

$u(x) = -e^{-\lambda \cdot x}$

$u'(x) = \lambda e^{-\lambda x}$

$v(x) = x + \frac{1}{\lambda}$

$v'(x) = 1$

$$\left(-e^{-\lambda \cdot x}\left(x + \frac{1}{\lambda}\right)\right)' = \left(\left(\lambda e^{-\lambda x}\right) \cdot \left(x + \frac{1}{\lambda}\right)\right) + \left(\left(-e^{-\lambda \cdot x}\right) \cdot 1\right)$$

Um den Term nun zu vereinfachen, wird zunächst $e^{-\lambda \cdot x}$ ausgeklammert und es ergibt sich:

$$= e^{-\lambda \cdot x}\left(\lambda\left(x + \frac{1}{\lambda}\right) - 1\right)$$

$$= e^{-\lambda \cdot x}((\lambda x + 1) - 1)$$

$$= e^{-\lambda \cdot x}(\lambda x + 1 - 1)$$

$$= e^{-\lambda \cdot x}\lambda x$$

$$= x\lambda e^{-\lambda x}$$

Somit ist bewiesen, dass $-e^{-\lambda \cdot x}\left(x + \frac{1}{\lambda}\right)$ Stammfunktion von $x\lambda e^{-\lambda x}$ ist und demnach zuvor richtig integriert wurde.

Nun können die Grenzen eingesetzt werden, um den Erwartungswert zu erhalten. Wie bereits erklärt, ist die untere Grenze null und die obere ∞.

$$= -e^{-\lambda x}\left(x + \frac{1}{\lambda}\right)\Big|_0^u$$

Wobei $u \to \infty$, da die Exponentialverteilung beliebige positive Werte annehmen kann.

$$= -e^{-\lambda u}\left(u + \frac{1}{\lambda}\right) - \left(-e^0\left(0 + \frac{1}{\lambda}\right)\right)$$

$$= -e^{-\lambda u}\left(u + \frac{1}{\lambda}\right) + 1\left(\frac{1}{\lambda}\right)$$

---

[28] Vgl. Ebd. S.54

$$= -e^{-\lambda u}\left(u + \frac{1}{\lambda}\right) + \frac{1}{\lambda}$$

$$= 0 \cdot \infty + \frac{1}{\lambda}$$

$$= \frac{1}{\lambda}$$

Der Term $-e^{-\lambda u}$ strebt hier gegen null und $\left(u + \frac{1}{\lambda}\right)$ gegen unendlich. Somit strebt der gesamte Term $-e^{-\lambda u}\left(u + \frac{1}{\lambda}\right)$ gegen null, woraus wiederum folgt, dass der Erwartungswert $E(X) = \frac{1}{\lambda}$ ist.[29]

Der Erwartungswert der Exponentialverteilung hat den Charakter einer Lebensdauer bzw. einer Wartezeit. Das heißt er gibt an wie lange man im Mittel auf ein bestimmtes Ereignis warten muss bzw. wie lange „etwas" noch überlebt.

1.6 Gedächtnislosigkeit

Die Exponentialverteilung ist eine gedächtnislose Verteilung. Es gilt: $P(X > x + t \mid X > x) = P(X > t)$. Dies bedeutet, dass die Überlebenswahrscheinlichkeit in Bezug auf einen bestimmten Zeitpunkt unabhängig vom bisher erreichten Alter ist.[30] Bezogen auf die Lebensadauer von Bauteilen ist die Wahrscheinlichkeit, dass ein x Tage altes Bauelement noch t Tage hält, demnach genauso groß wie die, dass ein neues Bauelement überhaupt t Tage hält. Funktioniert ein Bauteil mit exponentialverteilter Lebensdauer also nach einer beliebigen Zeit noch, auch wenn es sich um Jahre handelt, ist die Wahrscheinlichkeit, dass es die nächste Zeiteinheit noch überlebt, genauso hoch wie zu Anfang.[31] Die Exponentialverteilung hat kein Gedächtnis und kann „nicht wissen", wie lange ein Bauteil schon im Einsatz ist oder wann das letzte Mal ein bestimmtes Ereignis eingetreten ist.

Auf Lebewesen darf keine Exponentialverteilung angewendet werden. Dies wird auch besonders durch die Eigenschaft der Gedächtnislosigkeit deutlich, da sonst die Wahrscheinlichkeit, dass ein 70 Jahre alter Mensch noch weitere 40 Jahre lebt, genauso hoch wäre wie die, dass ein Neugeborener das vierzigste Lebensjahr erreicht.[32]

---

[29] Vgl. http://www.exponentialverteilung.de/vers/beweise/beweis_erwartungswert.html
[30] Vgl. Mathematik Stochastik Orientierungswissen Analytische Geometrie. Cornelsen Verlag 2004. S.162
[31] Vgl. http://de.wikipedia.org/wiki/Exponentialverteilung
[32] Vgl. Ebd.

Die Exponentialverteilung ist die einzig mögliche stetige Verteilung mit dieser Eigenschaft.

Die Gedächtnislosigkeit ist eine wichtige Gemeinsamkeit zur diskreten geometrischen Verteilung.

2 Beziehung zur geometrischen Verteilung

Die geometrische Verteilung kann man als diskretes Äquivalent zur Exponentialverteilung betrachten.[33] Sie ist eine Wahrscheinlichkeitsverteilung für unabhängige Bernoulli-Experimente und wird verwendet bei der Analyse von Wartezeiten bis zum Eintreffen eines bestimmten Ereignisses, womit bereits eine Parallele zur Exponentialverteilung deutlich wird.[34] Die geometrische Verteilung wird im Gegensatz zur stetigen, das heißt kontinuierlichen Exponentialverteilung als diskret bezeichnet, da ihre Ergebnisse abzählbar sind. So liegt nicht zwischen zwei Ergebnissen immer ein weiteres. Eine Gemeinsamkeit der beiden Verteilungen ist die Gedächtnislosigkeit. Die geometrische Verteilung ist die einzig mögliche diskrete gedächtnislose Verteilung. Ein Beispiel für die Gedächtnislosigkeit bei einer geometrischen Verteilung ist das Warten bis zur ersten Sechs beim einfachen Würfelwurf. Die Wahrscheinlichkeit bis zum 105. Wurf keine Sechs zu würfeln unter der Annahme, dass bis zum 100. Wurf keine Sechs gefallen ist, ist genauso groß, wie die Wahrscheinlichkeit bis zum fünften Wurf keine Sechs geworfen zu haben. Kurz gesagt: Der Würfel hat auch kein Gedächtnis und weiß nicht, welche Augenzahl jeweils zuvor fiel.[35]

Wie bereits erwähnt, besitzen einzelne Elementarergebnisse bei der stetigen Exponentialverteilung die Wahrscheinlichkeit von null. Dies gilt nicht für den diskreten Fall. Beispielsweise würfelt man mit einem idealen Würfel jede Zahl mit einer Wahrscheinlichkeit von $p = \frac{1}{6}$.

2.1 Vergleich der Simulationen in Fathom

2.1.1 Geometrisch verteilt: Warten bis zur nächsten Sechs

Es geht um die Anzahl X der Würfe bis zur nächsten bzw. ersten Sechs beim Mensch-Ärgere-Dich-Nicht Spielen. Sei die Zufallsgröße X als die „Anzahl der Würfe bis zur nächsten Sechs" definiert. Diese ist geometrisch verteilt mit dem Parameter $p = \frac{1}{6}$, da jedes mögliche Ergebnis

---

[33] Vgl. http://de.wikipedia.org/wiki/Exponentialverteilung
[34] Vgl. http://de.wikipedia.org/wiki/Geometrische_Verteilung (zuletzt eingesehen am 12.09.10 um 18.03 Uhr)
[35] Vgl. Mathematik Stochastik Orientierungswissen Analytische Geometrie. Cornelsen Verlag 2004. S.162

beim Würfelwurf die Wahrscheinlichkeit von $\frac{1}{6}$ hat. Die Zufallsgröße X kann für die Wartezeit den Wert jeder Zahl aus den natürlichen Zahlen annehmen.

Für die Simulation in Fathom muss zunächst eine Kollektion erstellt werden, die den Würfel simuliert. Dabei sind die Zahlen eins bis sechs zuzuordnen.

Würfel

	Würfel	<neu>
1	1	
2	2	
3	3	
4	4	
5	5	
6	6	

Um nun das Würfeln bis zur ersten Sechs simulieren zu können, muss eine Stichprobe gezogen werden. Hierbei muss die Funktion „Mit Zurücklegen" aktiviert sein, damit bei jedem Wurf auch „der ganze Würfel" geworfen wird, ohne das bereits gewürfelte Zahlen fehlen. Weiterhin muss die Abbruchbedingung Würfel = 6 hinzugefügt werden, damit nur so oft „gewürfelt" wird, bis die erste Sechs erscheint.

Stichprobe von Würfel

	Würfel	<neu>
3	2	
4	2	
5	4	
6	1	
7	1	
8	3	
9	6	

Um diesen Versuch jetzt beliebig oft durchführen zu können, muss eine dementsprechende Messgröße definiert werden. Die Messgröße nennt man optimalerweise Wartezeit, da diese letztendlich die Wartezeiten bis zur ersten Sechs pro Stichprobe beschreibt. Die Formel hierfür ist Anzahl(Würfel). Mit der entsprechenden Tabelle zu der Messgröße kann man die einzelnen Ergebnisse ansehen.

Messgrößen von Stichprobe von Würfel

	Wartezeit	<neu>
9599	2	
9600	5	
9601	1	
9602	5	
9603	15	
9604	3	
9605	8	
9606	1	

Mithilfe eines Grafen nach Sammeln von 10 000 Messgrößen kann man nun auch erkennen, dass die Wahrscheinlichkeitsverteilung dieser diskreten geometrischen Verteilung der Form einer Exponentialfunktion stark angenähert ist.

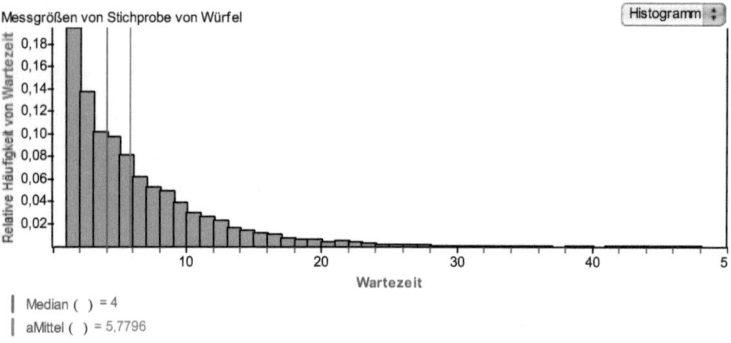

Median ( ) = 4
aMittel ( ) = 5,7796

2.1.2 Exponentialverteilt: Warten auf den nächsten Anruf

Es geht hier um die Wartezeit X bis zum nächsten Anruf in einem Schulsekretariat. Sei die Zufallsgröße X als die „Wartezeit bis zum nächsten Anruf" definiert. Diese ist stetig, da die Zeit alle möglichen positiven reellen Werte annehmen kann. Im Durchschnitt klingelt alle fünf Minuten das Telefon, der Erwartungswert ist also fünf. Weil $E(X) = \frac{1}{\lambda}$ ist $\lambda = \frac{1}{5}$. Im Gegensatz zur geometrischen Verteilung können wir nicht alle möglichen Ergebnisse in eine Kollektion einfügen und zufällig ziehen lassen, da es unendlich mögliche Einträge geben müsste. Um eine Simulation durchzuführen, müssen also zunächst einige Überlegungen angestellt werden.

Die Zufallsgröße X kann den Wert jeder positiven reellen Zahl annehmen. Für diese Simulation in Fathom ist es allerdings ungünstig mit reellen Zahlen zu arbeiten, weshalb die Minuten in Sekunden ausgedrückt werden, um somit mit natürlichen Zahlen (ohne Null) arbeiten zu können. Demnach entsprechen die fünf Minuten einem Erwartungswert von 300 Sekunden. Daraus kann nun gefolgert werden: Die Wahrscheinlichkeit für einen Anruf pro Sekunde beträgt $\frac{1}{300}$. Diese Überlegungen entsprechen der Simulation zur geometrischen Verteilung „Warten auf die erste Sechs", da dort die Wahrscheinlichkeit eine Sechs zu würfeln $p = \frac{1}{6}$ beträgt und der Erwartungswert für eine Sechs bei jedem sechsten Wurf liegt, da $E(X) = \frac{1}{p} = \frac{1}{\frac{1}{6}} = 6$.

Somit können wir auch bei den Simulationen ähnlich vorgehen: Zunächst muss eine Kollektion erstellt werden, die die Anrufe simuliert. Dabei sind die Zahlen eins bis 300 dem Merkmal Telefonanruf zuzuordnen, indem man die Formel Index eingibt und anschließend 300 Fälle hinzufügt. Fall 300 ist demnach die dreihunderste Sekunde und somit „ein Anruf", da das Telefon laut Erwartungswert im Mittel alle 300 Sekunden klingelt. Diese Überlegungen ensprechen den Überlegungen zur Simulation der geometrischen Verteilung.

Nächster Anruf

	Telefonanruf	<neu>
=	Index	
295	295	
296	296	
297	297	
298	298	
299	299	
300	300	

Um nun die Wartezeit bis zum ersten Anruf simulieren zu können, muss eine Stichprobe gezogen werden. Hierbei muss die Funktion „Mit Zurücklegen" aktiviert sein, damit bei jedem Durchgang die Wahrscheinlichkeit von $\frac{1}{300}$ für einen Anruf pro Sekunde erhalten bleibt. Weiterhin muss die Abbruchbedingung Telefonanruf = 300 eingeben werden. Es werden nun so viele Fälle „gezogen", bis die 300, also „ein Anruf", gezogen wird. Jeder gezogene Fall der Fälle eins bis 299 steht für eine (weitere) Sekunde ohne Anruf.

Stichprobe von Nächster Anruf

	Telefonanruf	<neu>
73	183	
74	96	
75	294	
76	75	
77	43	
78	90	
79	88	
80	271	
81	300	

Es bleibt anzumerken, dass eine Simulation der Exponentialverteilung in Fathom nie „wirklich" stetig sein kann, denn auch wenn ein Arbeiten mit Tausendstelsekunden erfolgen würde, würde dies nicht genügen, da im stetigen Fall zwischen jeder möglichen Zeitangabe immer eine weitere liegt. Folglich gilt dies für alle in dieser Arbeit vorgestellten Simulationen.

Um den Versuch jetzt beliebig oft durchführen zu können, muss eine dementsprechende Messgröße definiert werden. Die Messgröße nennt man optimalerweise, analog zur Simulation der geometrischen Verteilung, Wartezeit, da diese letztendlich die Wartezeit in Sekunden auf einen Anruf pro Stichprobe beschreibt. Die Formel hierfür ist Anzahl(Telefonanruf). Mit der entsprechenden Tabelle zu den gesammelten Messgrößen kann man die einzelnen Ergebnisse ansehen.

Messgrößen von Stichprobe von Nächster Anruf

	Wartezeit	<neu>
19992	228	
19993	43	
19994	11	
19995	124	
19996	326	
19997	1003	
19998	864	
19999	377	
20000	81	

Mithilfe eines Grafen kann man nun auch erkennen, dass die Wahrscheinlichkeitsverteilung der Form einer Exponentialfunktion entspricht und die Wahrscheinlichkeitsverteilung demnach eine Exponentialverteilung ist. Der Unterschied zur geometrischen Verteilung liegt in der Stetigkeit, welche in Fathom nicht simulierbar und im einfachen Histogramm, wie bereits dargelegt, nicht erkennbar ist. Das Einzeichnen der Dichtefunktion ermöglicht die grafische Darstellung.

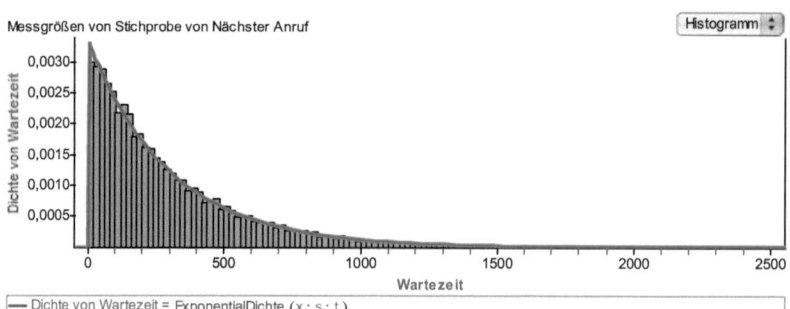

Es gibt eine weitere Möglichkeit in Fathom die Gemeinsamkeiten der beiden Verteilungen deutlich zu machen. Ohne Vorüberlegungen anstellen zu müssen, bietet Fathom die Möglichkeit geometrische und exponentialverteilte Zufallszahlen zu erzeugen.

Für exponentialverteilte Zufallszahlen wird die Formel ZufallExponential(Skala; Min) verwendet. Da in dem Beispiel „Warten bis zum nächsten Telefonanruf" durchschnittlich alle fünf Minuten ein Anruf erwartet wird, definieren wir das Merkmal NächsterAnrufInMinuten über die Funktion ZufallExponential(5). Um ein repräsentatives Ergebnis zu erlangen, müssen viele Fälle hinzugefügt werden. Durch das Hinzufügen von 20 000 Fällen erhält man eine Tabelle mit exponential erzeugten und somit reellen Zufallszahlen.

Anruf

	NächsterAnrufInMinuten	<neu>
=	ZufallExponential (5)	
19994	1,2986	
19995	0,159558	
19996	0,493824	
19997	9,95276	
19998	0,0314207	
19999	8,15632	
20000	6,63563	

Das Minimum muss nicht eingestellt werden, da die Einstellung automatisch bei null liegt und somit der Fall „Null" nicht dazu zählt. Nun kann man mithilfe eines Grafen die Ergebnisse auswerten.

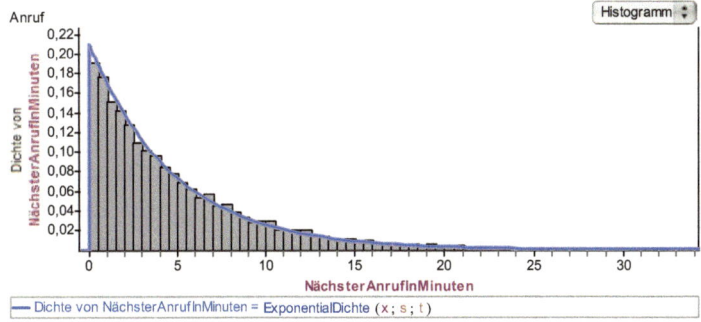

Die Form einer Exponentialfunktion und somit eine Exponentialverteilung sind gut erkennbar, wenn man zusätzlich die Dichtefunktion der Exponentialverteilung einzeichnet.

Weiterhin gibt es die Möglichkeit mit einer Formel geometrisch verteilte Zufallszahlen zu erzeugen. Die Funktion lautet ZufallGeometrisch(p; Skala; Min). „p" steht für die Wahrscheinlichkeit.

Bei der Simulation „Warten bis zur ersten Sechs" muss das Merkmal Würfel von der Formel ZufallGeometrisch(0,166) simuliert werden, da die Wahrscheinlichkeit eine Sechs zu würfeln immer bei $\frac{1}{6}$ liegt. Die Werte geben an, wie lange in dem jeweiligen Fall auf eine Sechs gewartet werden musste.

Würfel

	Würfel	<neu>
=	ZufallGeometrisch (0,166)	
9995	1	
9996	16	
9997	12	
9998	9	
9999	9	
10000	1	

Mithilfe eines Histogramms kann man die Verteilung grafisch darstellen.

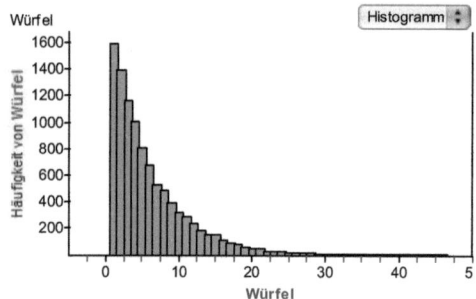

Beim Vergleich zum Grafen mit exponentialverteilten Zufallszahlen erkennt man auf Anhieb den engen Zusammenhang der beiden Verteilungen.

Dies wird weiterhin besonders deutlich, wenn man die Simulation „Warten bis zur ersten Sechs" mit der Formel ZufallExponential(Skala; Min) und dem Zusatz „ganzzahl" durchführt. Mit der Formel ganzzahl(ZufallExponential(Skala; Min)) werden keine reellen, sondern natürliche Zufallszahlen erzeugt, das heißt die Verteilung ist nicht mehr stetig, sondern diskret und damit auch keine Exponentialverteilung mehr, sondern eine geometrische Verteilung. Der „Skala-Wert" liegt bei sechs, da jede Augenzahl mit der Wahrscheinlichkeit von $\frac{1}{6}$ gewürfelt wird und somit nach dem Erwartungswert der geometrischen Verteilung jeder sechste Wurf eine Sechs ist.

Würfel

	Würfel	<neu>
=	ganzzahl (ZufallExponential (6 ; 1))	
9993	18	
9994	2	
9995	9	
9996	10	
9997	7	
9998	6	
9999	5	
10000	7	

Damit die Null nicht berücksichtigt wird, muss man das Minimum auf eins einstellen.

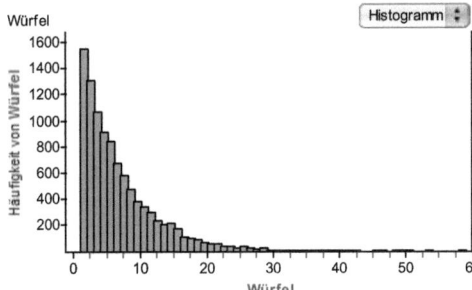

Man kann also mit den zwei unterschiedlichen Formeln ZufallGeometrisch(0,166) und ganzzahl(ZufallExponential(6; 1)) die Wartezeit bis zur ersten Sechs simulieren und erhält nahezu identische Grafen.

3 Vergleich von Theorie und Simulation exponentialverteilter Zufallsgrößen

3.1 Lebensdauer eines Funkweckers

In einer Elektronikfirma werden Funkwecker produziert. Im Rahmen der Qualitätssicherung wird anhand von Reklamationen die Funktionsdauer der Wecker untersucht. Es stellt sich heraus, dass durchschnittlich pro Tag 5 Promille der Wecker unabhängig von ihrem Alter ausfallen.[36]

(1) Wie hoch ist die Wahrscheinlichkeit, dass ein Wecker höchstens (noch) 30 Tage funktionsfähig ist?

(2) Wie hoch ist der Anteil der Wecker, die mindestens 160 Tage funktionieren?

3.1.1 Theoretische Lösung

Man definiere die Zufallsgröße X = "Zeitdauer der Funktionsfähigkeit eines Funkweckers in Tagen." Diese ist exponentialverteilt mit der Ausfallrate $\lambda = 0{,}005$. Da der Erwartungswert sich mit der Formel $E(X) = \frac{1}{\lambda}$ berechnen lässt, beträgt dieser $\frac{1}{0{,}005}$. Die durchschnittliche Zeitdauer, bis ein Wecker ausfällt, beträgt demnach 200 Tage.

Mithilfe der Verteilungsfunktion der Exponentialverteilung $F(x) = \begin{cases} 1\text{-}e^{-\lambda \cdot x} & \text{für } x \geq 0 \\ 0 & \text{für } x < 0 \end{cases}$ lässt sich nun die Wahrscheinlichkeit berechnen, dass ein Wecker noch eine bestimmte Zeit funktioniert. Das Hinzufügen des Wortes „noch" in der Aufgabenstellung spielt keine besondere Rolle, da die Wahrscheinlichkeit, dass ein neuer Wecker 30 Tage funktionsfähig ist, die gleiche ist, wie die, dass ein funktionierender älterer Wecker noch 30 Tage hält. Demnach ist die Wahrscheinlichkeit, dass ein Wecker höchstens (noch) 30 Tage funktioniert:

$F(x) = 1 - e^{-\lambda \cdot x} \text{ für } x \geq 0$, daraus folgt also $F(x) = 1 - e^{-0{,}005 \cdot 30} = 0{,}1393$. Nach 30 Tagen sind also durchschnittlich ca. 14 % der Wecker ausgefallen.

Um den Anteil der Wecker die mindestens 160 Tage funktionieren zu berechnen, muss man das Ergebnis nach Einsetzen in die Formel von eins subtrahieren, da man sonst die Wahrscheinlichkeit, dass ein Wecker höchstens 160 Tage funktioniert, berechnen würde.

---

[36] http://de.wikipedia.org/wiki/Exponentialverteilung

Folglich gilt $1 - (1 - e^{-0,005 \cdot 160}) = 1 - 0,5507 = 0,4493$. Also funktionieren durchschnittlich ca. 45 % der Wecker länger als 159 Tage.

3.1.2 Simulation in Fathom

Die durchschnittliche Zeitdauer bis ein Wecker kaputt geht, beträgt 200 Tage, da in der Aufgabenstellung angegeben ist, dass pro Tag durchschnittlich fünf Promille der Wecker kaputt gehen und einer von 200 Weckern fünf Promille sind. Die Wahrscheinlichkeit, dass ein Wecker kaputt geht, liegt also bei $\frac{1}{200}$.

Ein Ansatz dieses Problem in Fathom zu simulieren ist, die Wahrscheinlichkeit, dass ein Wecker kaputt geht, als einen Fall von 200 zu betrachten. Demnach muss eine Kollektion mit 200 Fällen erstellt werden, wobei der Fall 200 den Fall „Wecker kaputt" darstellt.

Funkwecker

	Funkwecker	‹neu
192	192	
193	193	
194	194	
195	195	
196	196	
197	197	
198	198	
199	199	
200	200	

Nun kann man analog zu den bereits behandelten Beispielen vorgehen, indem man zunächst eine Stichprobe mit der Abbruchbedingung Funkwecker = 200 zieht. Bei der Simulation werden also so viele Fälle gezogen, bis der Fall „200" eintritt, welcher den kaputten Wecker darstellt.

Stichprobe von Funkwecker

	Funkwecker	‹neu
146	42	
147	62	
148	26	
149	148	
150	161	
151	50	
152	187	
153	183	
154	200	

Die Stichprobe bedeutet, dass "dieser" Wecker nach 154 Tagen kaputt gegangen ist.

Um diesen Versuch jetzt beliebig oft durchführen zu können, müssen Messgrößen gesammelt werden. Dafür definiert man die Messgröße „Lebensdauer" mit der Formel Anzahl (Funkwecker). Diese wird später die Lebensdauerverteilung der Funkwecker anzeigen.

Messgrößen von Stichprobe von Funkwecker

	Lebensdauer	<neu>
19993	292	
19994	223	
19995	265	
19996	338	
19997	36	
19998	77	
19999	84	
20000	445	

Ein Histogramm macht deutlich, dass es sich um eine exponentialverteilte Zufallsgröße mit zugehöriger Dichtefunktion handelt. Dabei muss die „Skala" der vertikalen Achse die Dichte anzeigen.

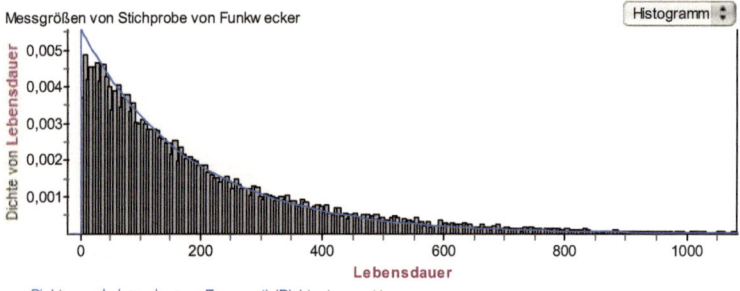

Messgrößen von Stichprobe von Funkwecker

— Dichte von Lebensdauer = ExponentialDichte (x ; s ; t)

Die erste Fragestellung lautete, wie hoch die Wahrscheinlichkeit ist, dass ein Wecker höchstens (noch) 30 Tage hält. Das Ergebnis mithilfe der theoretischen Lösung lautete 0,1393.

Die erste Möglichkeit diese Aufgabe mithilfe der Simulationsergebnisse zu lösen, ist das Merkmal Lebensdauer in eine Auswertungstabelle zu ziehen, indem man gleichzeitig „Shift" gedrückt hält. Somit bekommt man alle auftauchenden Lebensdauerwerte mit zugehöriger Anzahl der Ausprägungen angezeigt. Nun kann man die Werte für ein bis 30 Tage addieren und durch 20000, die Gesamtanzahl der gesammelten Messgrößen, teilen.

Messgrößen von Stichprobe von Funkwecker	
1	91
2	74
3	107
4	98
5	108
6	97
7	87
8	94
9	100
10	74
11	79
12	94
13	85
14	88
15	99
Spaltenzusammenfassung	20000

S1 = Anzahl ( )

Messgrößen von Stichprobe von Funkwecker	
16	94
17	86
18	82
19	91
20	93
21	83
22	90
23	91
24	95
25	117
26	98
27	81
28	79
29	91
30	74
Spaltenzusammenfassung	20000

S1 = Anzahl ( )

Dieses Vorgehen ergibt: $\frac{2720}{20000} = 0,136$.

Eine einfache Alternative zu diesem Vorgehen ist eine Auswertungstabelle zu erstellen und mit einer Formel den Wert errechnen zu lassen. Zunächst muss also die Auswertungstabelle erstellt werden, indem das Merkmal Lebensdauer „hineingezogen" wird. Zunächst wird automatisch das arithmetische Mittel angegeben, welches mit 199,63 nah an dem theoretischem Erwartungswert von 200 liegt. Die zu verwendende Formel um die Aufgabe zu lösen lautet: $\frac{Anzahl(Lebensdauer < 31)}{Gesamtanzahl}$.

Messgrößen von Stichprobe von Funkwecker	
Lebensdauer	199,62925
	0,136

S1 = aMittel ( )
$S2 = \frac{Anzahl(Lebensdauer < 31)}{Gesamtanzahl}$

Die Formel entspricht den Überlegungen zur ersten Möglichkeit und liefert somit das gleiche Ergebnis.

Eine dritte sehr anschauliche Möglichkeit zur Lösung der Aufgabe ist ebenfalls leicht zu realisieren. Man zieht einen Grafen in das Simulationsfenster und anschließend das Merkmal Lebensdauer auf die horizontale Achse. Auf der vertikalen Achse stellt man die „Relative Häufigkeit von Lebensdauer" ein, da diese nach dem „Gesetz der Großen Zahlen" nach häufigen Wiederholungen der Wahrscheinlichkeit nahezu entspricht. Da nach der Wahrscheinlichkeit gefragt ist, mit der ein Wecker höchstens (noch) 30 Tage hält, muss die Klassenbreite des Histogramms auf „31" eingestellt werden, damit der Wert 30 noch hinzugezählt wird. Dann kann man die Wahrscheinlichkeit ablesen.

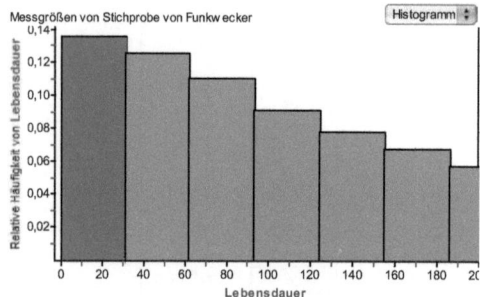

Der rote Balken entspricht der Wahrscheinlichkeit, dass ein Wecker höchstens (noch) 30 Tage hält. Ein Wert um die 0,135 lässt sich hier ablesen. Der Vorteil dieser Lösung ist die hohe Anschaulichkeit. Nachteil dieser Lösung ist, dass man keinen exakten Wert ablesen kann. Dieser wird aber je nach Einstellung der Achsen umso deutlicher.

Die zweite Fragestellung lautete: Wie hoch ist der Anteil der Wecker, die mindestens 160 Tage funktionieren? Das theoretische Ergebnis war, dass 44,93 % der Wecker mindestens 160 Tage halten.

Auch hier gibt es die verschiedenen Möglichkeiten zur Lösung. Mithilfe einer Auswertungstabelle und der Anwendung der bereits vorgestellten Formel erhält man:

Messgrößen von Stichprobe von Funkwecker

| Lebensdauer | 199,62925 |
| | 0,4458 |

$S1 = aMittel\ (\quad)$

$S2 = \dfrac{Anzahl\,(Lebensdauer > 159)}{Gesamtanzahl}$

Die Simulation in Fathom bringt das Ergebnis, dass 44,58 % der Wecker länger als 159 Tage, also mindestens 160 Tage, funktionieren. Es ergibt sich eine Abweichung von 0,35 % bei 20 000 gesammelten Messgrößen.

Auch hier ist eine grafische Lösung möglich und bietet mehr Anschaulichkeit. Die Klassenbreite muss analog zum vorherigen Beispiel auf „160" eingestellt werden, damit die Relative Häufigkeit für den Wert 160 nicht zu dem rot markierten Balken hinzu gezählt wird.

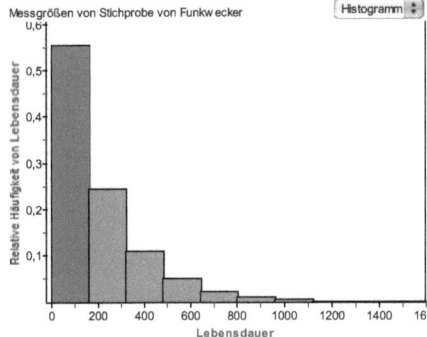

Die Summe der grauen Balken entspricht hier der gesuchten Wahrscheinlichkeit. Da man diese jedoch schwer bilden kann, liest man den Wert des roten Balkens ab und subtrahiert diesen von eins. Für den roten Wert lässt sich ein Wert knapp um 0,554 ablesen. Es ergibt sich: $1 - 0,554 = 0,446$. Somit halten 44,6 % der Funkwecker mindestens 160 Tage. Dieses Ergebnis weicht um 0,33 % von dem theoretischen ab.

Es wurde gezeigt, dass man mithilfe einer Simulation in Fathom ganz ohne theoretische Rechnungen zu annähernd genauen Ergebnissen kommen kann. Dennoch weichen diese auch nach sehr vielen gesammelten Messgrößen noch von den theoretischen Ergebnissen ab. Für möglichst genaue Ergebnisse müssen also sehr viele Messgrößen gesammelt werden.

3.2 Lebensdauer einer Glühlampe

Nach den Angaben eines Herstellers beträgt die mittlere Lebensdauer einer Glühlampe 1000 Stunden. Die Zufallsgröße X „Lebensdauer einer Glühbirne" sei hierbei exponentialverteilt. Die Fragestellung lautet: Wie groß ist die Wahrscheinlichkeit, dass eine Glühbirne mindestens 3500 Stunden hält?

3.2.1 Theoretische Lösung

Der Erwartungswert für die Lebensdauer einer Glühlampe beträgt 1000 Stunden. Da der Erwartungswert sich mit der Formel $E(X) = \frac{1}{\lambda}$ berechnen lässt, ist $\lambda = \frac{1}{1000}$. Die Zufallsgröße X = „Lebensdauer einer Glühbirne" ist also exponentialverteilt mit der Ausfallrate $\lambda = 0,001$. Wir verwenden die Verteilungsfunktion der Exponentialverteilung, um die Wahrscheinlichkeit, dass eine Glühlampe mindestens 3500 Stunden hält, zu berechnen.

$$F(x) = \begin{cases} 1\text{-}e^{-\lambda \cdot x} & f\ddot{u}r\ x \geq 0 \\ 0 & f\ddot{u}r\ x < 0 \end{cases}.$$

Demnach ist die Wahrscheinlichkeit, dass eine Glühbirne mindestens 3500 Stunden hält:

$$F(x) = 1 - e^{-\lambda \cdot x} = 1 - (1 - e^{-0,001 \cdot 3500}) = 1 - (1 - e^{-3,5}) \approx 0,0302.$$

Es halten also 3,02% der Glühbirnen mindestens 3500 Stunden.

3.2.2 Simulation in Fathom

Da die durchschnittliche Zeitdauer bis eine Glühlampe kaputt geht 1000 Stunden beträgt, ist die Wahrscheinlichkeit pro Stunde, dass eine Glühllampe kaputt geht, $\frac{1}{1000}$. In einer Kollektion mit 1000 Fällen bedeutet der Fall 1000 analog zu den bisherigen Beispielen „Glühlampe kaputt."

Zuerst erstellt man eine Kollektion mit 1000 Fällen über die Formel Index mit Merkmal BetriebsstundenGlühlampe.

Lebensdauer Glühlampe

	BetriebsstundenGlühlampe	<neu>
=	Index	
998	998	
999	999	
1000	1000	

Als Nächstes müssen Stichproben gezogen werden bis zu der Bedingung BetriebsstundenGlühlampe = 1000.

Stichprobe von Lebensdauer Glühlampe

	BetriebsstundenGlühlampe	<neu>
643	225	
644	12	
645	620	
646	1000	

Anschließend muss eine Messgröße für die Lebensdauer der Glühlampen definiert werden. Die Messgröße „Lebensdauer" wird über die Formel Anzahl(BetriebsstundenGlühlampe) definiert. Nun werden Messgrößen gesammelt.

Messgrößen von Stichprobe von Lebensdauer Glühlampe

	Lebensdauer	<neu>
9996	2426	
9997	301	
9998	221	
9999	1831	
10000	646	

Um herauszufinden, wie hoch die Wahrscheinlichkeit ist, dass eine Glühlampe mindestens 3500 Stunden brennt, wird zunächst eine Auswertungstabelle erstellt. Mit der Formel $\frac{Anzahl(Lebensdauer > 3499)}{Gesamtanzahl}$ erhalten wir direkt die gesuchte Wahrscheinlichkeit.

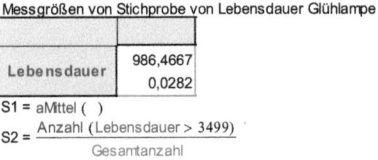

Messgrößen von Stichprobe von Lebensdauer Glühlampe

| Lebensdauer | 986,4667 |
| | 0,0282 |

$S1 = $ aMittel ( )

$S2 = \frac{Anzahl\ (Lebensdauer > 3499)}{Gesamtanzahl}$

Dieses Problem kann auch mit wenig Aufwand grafisch gelöst werden. Mithilfe eines Histogramms mit einer eingestellten Klassenbreite von „3500", da so der Wert 3500 nicht im rot markierten Balken erfasst wird, kann man die gesuchte Wahrscheinlichkeit ablesen.

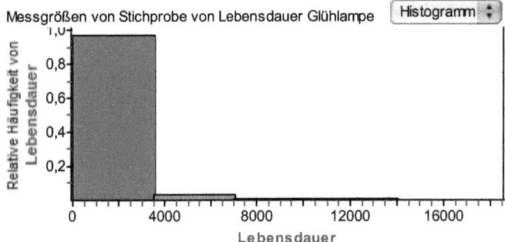

Die gesuchte Wahrscheinlichkeit entspricht den grauen Balken, wenn auch nur schlecht sichtbar. Man liest also den Wert des roten Balkens ab und subtrahiert diesen von eins. Dies ergibt einen Wert um 0,96. Die gesuchte Wahrscheinlichkeit ergibt sich aus $1 - 0,96 = 0,04$. Dieses Ergebnis liegt näher an dem theoretischen Ergebnis von 3,02%, als das mithilfe der Auswertungstabelle errechnete. Dies ist allerdings nur auf die ungenaue Ablesebarkeit der Werte zurückzuführen. Es wird also deutlich, dass 10 000 gesammelte Messgrößen nicht ausreichend sind, um ein Ergebnis nahe dem theoretischen Ergebnis zu erhalten.

Als Fazit lässt sich sagen, dass die Unterschiede zwischen einer theoretisch errechneten und einer durch Simulation erhaltenen Wahrscheinlichkeit nicht bedeuten, dass der theoretische Wert der „bessere" ist, da dieser eben nur theoretisch erzeugt und somit unnatürlich ist. Ein durch Simulation erhaltenes Ergebnis ist natürlich, weil es wirklich zufällig ist.

4 Die Exponentialverteilung im Unterricht: Ein Bezug zum Lehrplan

Grundsätzlich ist das Thema Exponentialverteilung in den Lehrplänen für die Sekundarstufe I weder an Haupt- oder Realschulen noch an Gymnasien vorgesehen. Innerhalb der genannten fakultativen Inhalte als Vorschläge zur Ergänzung und Erweiterung in der Sekundarstufe I ist ebenfalls weder die geometrische Verteilung noch die Exponentialverteilung erwähnt. Auch in den Schulbüchern für die Gymnasiale Oberstufe findet das Thema nicht immer Beachtung.

Eine Behandlung des gesamten Themas in der Sekundarstufe I kann allein deswegen nicht erfolgen, da der Lehrplan, abgesehen von dem der Realschule, weder das Thema Exponentialfunktionen noch stetige Zufallsverteilungen vorsieht. Somit würden Hintergründe schwer nachvollziehbar für SchülerInnen sein und ein Lösen von Aufgaben zu Wahrscheinlichkeiten von exponentialverteilten Zufallsgrößen würde stupide mit dem Taschenrechner ohne jegliches Hintergrundwissen erfolgen. Dieses Vorgehen wäre wenig sinnvoll. Ein kleiner, experimentell und anschaulich gestalteter Einblick in das Thema wäre aber durchaus möglich, allerdings auch nur sinnvoll, wenn zuvor Zeit dafür wäre, die geometrische Verteilung zu behandeln bzw. „anzureißen". Es gäbe die Möglichkeit einen Zufallsversuch wie das „Warten bis zur ersten 6" zu behandeln, indem man diesen zunächst selbst durchführt, die Ergebnisse visualisiert und auswertet. Somit könnte man den SchülerInnen einen Einblick in die geometrische Verteilung geben und darauf aufbauend durchaus auch oberflächlich den Bezug zur stetigen Exponentialverteilung herstellen. Ohne komplizierte Formeln sondern mithilfe von Computersimulationen könnte man die Verbindung der diskreten und der stetigen Verteilung sowie wichtige Gemeinsamkeiten und Eigenschaften, wie zum Beispiel die Form der Verteilungen, deutlich machen. Auch Beispiele aus dem Alltag können damit leicht verbunden werden und helfen, die Behandlung anschaulicher und vor allem interessant zu machen. Auch die Eigenschaft der Gedächtnislosigkeit kann so leicht verständlich gemacht werden. Tiefer kann die Behandlung aber schon nicht mehr erfolgen, da die SchülerInnen Exponentialfunktionen im Unterricht nicht behandeln, abgesehen von der Realschule in der 10. Klasse.

Durch den Einsatz einer dynamischen Stochastik- und Datenanalysesoftware wie zum Beispiel Fathom, kann man einen exponentialverteilten Zufallsversuch wie „das Warten auf den nächsten Anruf" leicht simulieren und die Ergebnisse versuchen gemeinsam zu interpretieren bzw. auszuwerten, da die reale Simulation im Unterricht nicht möglich ist.

Diese Idee birgt allerdings auch einige Schwierigkeiten, da nicht davon auszugehen ist, dass alle SchülerInnen Erfahrungen mit dieser Art von Programmen haben und nicht klar ist, inwiefern in vorherigen Klassenstufen mit Stochastiksoftware gearbeitet wurde. Weiterhin ist die räumliche und zeitliche Verfügbarkeit von schuleigenen Computern unterschiedlich, weshalb die mit dem Thema Exponentialverteilung verbundenen möglichen Inhalte sowie Lehr- und Lernmethoden sehr unterschiedlich sein können.[37] Realistisch gesehen müsste aus diesen Gründen viel Zeit in einen Exkurs zum Thema Exponentialverteilung investiert werden und es bliebe folglich nur eine Vorführung durch die Lehrperson. Dies ist schade, da der Einsatz von dynamischer Stochastiksoftware sich zum Experimentieren und zum spielerischen Gewinn neuer Erkenntnisse eignet.[38] Diese Art von Software kann helfen, Unterrichtsgegenstände leichter verständlich zu machen,[39] das Entdecken neuer Zusammenhänge zu erleichtern und die Veranschaulichung der erhaltenen Ergebnisse zu verbessern.[40]

Im Lehrplan für die Hauptschule ist das Thema Stochastik lediglich in der 8. Klasse mit 15 von insgesamt 100 Schulstunden vorgesehen.[41] Das Ziel ist wichtige Grundkenntnisse erfolgreich zu vermitteln, um die Neugier und das Verständnis für stochastische Fragestellungen zu wecken.[42] Eine Behandlung des Themas Exponentialverteilung in der Hauptschule gestaltet sich demnach schwierig, da die Zeit zu knapp bemessen ist, um auch nur einen Anriss des Themas sinnvoll zu gestalten, besonders wenn dieser mit Computer und einem geeigneten Programm erfolgen soll. Außerdem ist an einer Hauptschule verstärkt davon auszugehen, dass die SchülerInnen keine häuslichen Computererfahrungen mit dieser Art von Programmen besitzen bzw. die Kenntnisse zu solchen Programmen in der Schule nicht vermittelt wurden.[43]

Im Lehrplan für die Realschule findet das Thema Statistik und Wahrscheinlichkeitsrechnung sehr viel mehr Beachtung. Es finden sich in fast allen Jahrgangsstufen einige Stunden zu diesem Thema. In der 7. Klasse lernen die SchülerInnen Diagramme zu interpretieren und

---

[37] Vgl. HESSISCHES KULTUSMINISTERIUM: Lehrplan Mathematik. Bildungsgang Hauptschule. Jahrgangsstufen 5 bis 9/10. S.5f
[38] Vgl. Ebd. S.6
[39] Vgl. Ebd. S.5
[40] Vgl. HESSISCHES KULTUSMINISTERIUM 2010: Lehrplan Mathematik. Gymnasialer Bildungsgang. Jahrgangsstufen 5G bis 9G und gymnasiale Oberstufe. S.19
[41] Vgl. Lehrplan Mathematik. Bildungsgang Hauptschule. S.7
[42] Vgl. Ebd. S.22
[43] Vgl. Ebd. S.5f

selbstständig, auch mithilfe von Software, anzufertigen.[44] In der 8. Klasse wird wichtiges Grundwissen der Wahrscheinlichkeitsrechnung vermittelt.[45] In der 10. Klasse wird das Thema Potenz- und Exponentialfunktionen[46] sowie beschreibende Statistik behandelt.[47] In diesem Kontext wäre ein Einbau des Themas Exponentialverteilung sinnvoll, da die SchülerInnen nun einen Einblick in exponentiell ablaufende Veränderungen bekommen haben, indem sie nicht nur Exponentialfunktionen skizziert, sondern auch bereits exponentielle Wachstumsprozesse berechnet haben. Weiterhin wird unter den Arbeitsmethoden die Darstellung und Analyse von Exponentialkurven mit einem PC-Programm sowie die Simulation von Wachstumsmodellen am Computer gefordert.[48] Nach der Behandlung dieses Themenkomplexes kann innerhalb des Themenkomplexes „Beschreibende Statistik" ein Einblick in das Thema Exponentialverteilungen erfolgen. Die SchülerInnen sollen in diesem Zusammenhang Häufigkeitsverteilungen erstellen und diese mithilfe von Software grafisch darstellen und auswerten.[49] In diesem Zusammenhang könnte auch eine Häufigkeitsverteilung einer exponentialverteilten Zufallsgröße behandelt werden.

Ein Einblick in das Thema Exponentialverteilung als stetige Verteilung, wäre an einer Realschule sinnvoll, da die Mathematik auch als ein Hilfsmittel, mit dem sich Sachprobleme aus den unterschiedlichsten Lebensbereichen beschreiben, darstellen und lösen lassen, verstanden werden soll. Da man die Behandlung des Themas durchaus auf Sachbeispiele aus verschiedenen Lebensbereichen beziehen kann und somit eine gewisse Anschaulichkeit erreicht, kann diese Einstellung gefördert werden.[50] Andererseits soll der Mathematikunterricht auch die Zielsetzung, leistungsstärkere SchülerInnen auf den Übergang in eine höher qualifizierende Schulform vorzubereiten, erfüllen.[51]

Die mit der Arbeit einer Stochastiksoftware im Unterricht verbundenen Schwierigkeiten sind natürlich auch in der Realschule gegeben. Es ist davon auszugehen, dass ein großer Teil der RealschülerInnen zu Hause einen Computer mit Standardsoftware benutzen kann. Inwiefern die Möglichkeit besteht, dass die Software auf dem häuslichen Computer eingerichtet werden kann, und damit verbunden künftig auch häusliche Vorbereitungen oder Übungen mit dem

---

[44] Vgl. HESSISCHES KULTUSMINISTERIUM: Lehrplan Mathematik. Bildungsgang Realschule. Jahrgangsstufen 5 bis 10. S.16
[45] Vgl. Ebd. S.20
[46] Vgl. Ebd. S.31
[47] Vgl. Ebd. S.32
[48] Vgl. Ebd. S.31
[49] Vgl. Ebd. S.32
[50] Vgl. Ebd. S.3
[51] Vgl. Ebd.

Computer durchgeführt werden können, muss individuell entschieden werden. Die Arbeit mit einem solchen Programm ist demnach im Rahmen der Möglichkeiten umzusetzen.[52]

Im Hinblick auf das Abschlussprofil nach Klasse zehn, wird durch die Behandlung des Themas die Qualifikation gefördert mit entsprechender Software mehrere Diagrammformen aus Wertetabellen zu erstellen und zu interpretieren, die Fähigkeit Grafen von exponentiellen Funktionen zu erstellen und den Einfluss von Variablen mit Worten zu beschreiben.[53]

Der Lehrplan für Gymnasien sieht ebenfalls ein breites Spektrum an stochastischen Inhalten vor. Die Behandlung beginnt dort bereits in Klasse sechs.[54] Die Behandlung von Exponentialfunktionen und stetigen Verteilungen findet am Gymnasium G8 laut Lehrplan bis einschließlich Klasse neun nicht statt.[55] Da die Bildungslaufbahn der SchülerInnen größtenteils nach der 9. Klasse noch nicht abgeschlossen sein wird, empfiehlt es sich das Thema Exponentialverteilung in der Sekundarstufe I am Gymnasium nicht zu behandeln. In der Sekundarstufe II ist die Behandlung der Exponentialverteilung sehr viel sinnvoller, da die SchülerInnen dann die Exponentialfunktion kennen gelernt und ein tieferes Verständnis für die Stochastik entwickelt haben. Daher empfiehlt es sich, das Thema auch erst dann zu behandeln.

---

[52] Vgl. Lehrplan Mathematik. Bildungsgang Realschule. S.6
[53] Vgl. Ebd. S.33f
[54] Vgl. Lehrplan Mathematik. Gymnasialer Bildungsgang. S.18
[55] Vgl. Ebd. S.43

Literaturverzeichnis

- Engel, Arthur: Stochastik. Stuttgart: Klett 1987.
- Das große Tafelwerk interaktiv. Formelsammlung für die Sekundarstufen I und II. Zusammengestellt und bearbeitet von M. Felsch, K. Martin, W. Pfeil u. a. Berlin: Cornelsen Verlag 2003.
- Elemente der Mathematik: Leistungskurs Stochastik mit Orientierungswissen Lineare Algebra/ Analytische Geometrie. Hrsg von H. Griesel, H. Postel, F. Suhr unter Mitwirkung von A. Gundlach. Hannover: Schroedel Verlag 2003.
- Prof. Dr. Bieler, Rolf; Hofmann, Tobias; Maxara, Carmen; Prömmel, Andreas: Fathom 2: Eine Einführung. Berlin Heidelberg: Springer Verlag 2006.
- Mathematik Stochastik Orientierungswissen Analytische Geometrie. Hrsg. von Prof. Dr. Jahnke. Berlin: Cornelsen Verlag 2004.

- HESSISCHES KULTUSMINISTERIUM: Lehrplan Mathematik. Bildungsgang Hauptschule. Jahrgangsstufen 5 bis 9/10.
- HESSISCHES KULTUSMINISTERIUM: Lehrplan Mathematik. Bildungsgang Realschule. Jahrgangsstufen 5 bis 10.
- HESSISCHES KULTUSMINISTERIUM 2010: Lehrplan Mathematik. Gymnasialer Bildungsgang. Jahrgangsstufen 5G bis 9G und gymnasiale Oberstufe.

- http://www.exponentialverteilung.de
  (zuletzt eingesehen am 14.09.10 um 9.03 Uhr)
- http://www.exponentialverteilung.de/jeder/fakten/verteilung.html
  (zuletzt eingesehen am 09.09.10 um 8.35 Uhr)
- http://www.exponentialverteilung.de/vers/beweise/beweis_erwartungswert.html
  (zuletzt eingesehen am 10.09.10 um 8.03 Uhr)
- http://www.fh-friedberg.de/users/mlutz/JavaKurs/applets/Puzzle/Dichte.html
  (zuletzt eingesehen am 30.08.10 um 9.54 Uhr)
- http://www.uni-konstanz.de/FuF/wiwi/heiler/os/vt-exp.html
  (zuletzt eingesehen am 16.09.10 um 14.32 Uhr)
- http://webcache.googleusercontent.com/search?q=cache:B0OkLFB0QiYJ:de.wikipedia.org/wiki/Erwartungswert+dichtefunktion+erwartungswert&cd=1&hl=de&ct=clnk&gl=de

(zuletzt eingesehen am 25.08.10 um 13.21 Uhr)

- http://de.wikibooks.org/wiki/Mathematik:_Statistik:_Stetige_Zufallsvariablen
  (zuletzt eingesehen am 14.09.10 um 21.33 Uhr)
- http://de.wikipedia.org/wiki/Exponentialverteilung
  (zuletzt eingesehen am 05.09.10 um 20.05 Uhr)
- http://de.wikipedia.org/wiki/Geometrische_Verteilung
  (zuletzt eingesehen am 12.09.10 um 18.03 Uhr)
- http://de.wikipedia.org/wiki/Verteilungsfunktion
  (zuletzt eingesehen am 30.08.10 um 10.12 Uhr)
- http://de.wikipedia.org/wiki/Wahrscheinlichkeitsdichte
  (zuletzt eingesehen am 05.09.10 um 12.49 Uhr)